RAPPORT

SUR

LES TRAVAUX AGRICOLES

ET DE

SALUBRITÉ PUBLIQUE

(GUÉRISON DU GOÎTRE)

DE M. A. PERROT DE ROSIÈRES.

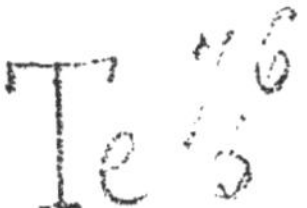

Nancy, imprimerie de veuve Raybois et comp.

SOCIÉTÉ CENTRALE D'AGRICULTURE DE NANCY.

RAPPORT

SUR LES

TRAVAUX AGRICOLES

ET DE

SALUBRITÉ PUBLIQUE

(GUÉRISON DU GOÎTRE)

De M. A. PERROT, de Rosières,

FAIT AU NOM D'UNE COMMISSION SPÉCIALE,

PAR M. BÉCUS,

Membre ordinaire de la Société.

NANCY,

GRIMBLOT, Vᵉ RAYBOIS ET COMP., IMPRIMEURS-LIBRAIRES,
Place Stanislas, 7, et rue Saint-Dizier, 125.

1858.

RAPPORT

Sur les travaux agricoles et de salubrité publique

DE M. A. PERROT, DE ROSIÈRES.

Messieurs,

Dans votre séance du 7 mai dernier, vous avez chargé une Commission d'aller reconnaître les travaux d'assainissement dirigés à Rosières par M. *Alexis Perrot*. MM. *Monnier, Turck, Gœtzmann, Collard* et moi avons été nommés. MM. *Lebègue* et *de Landrian* se sont joints à cette Commission, qui s'est rendue à Rosières le 18 du même mois.

Messieurs, si c'est un devoir d'écrire la biographie des hommes illustres et d'offrir leurs belles actions pour exemple à l'admiration des peuples, c'en est un aussi, dans une sphère plus modeste mais non moins utile, de rendre compte des progrès obtenus en agriculture, et de signaler les hommes éminents et persévérants auxquels on les doit.

Dans la pratique comme dans la théorie agricoles, on ne doit point laisser passer inaperçues les améliorations importantes qui sont introduites ou obtenues dans la culture, quel qu'en ait été le but : soit, comme ici, le double motif de l'amélioration de la salubrité publique et la fertilisation d'une vaste plaine improductive.

On doit vous signaler les phases de cette grande lutte de l'homme intelligent et courageux contre les difficultés d'un sol plat et sans écoulements, les tracasseries et les embarras sans nombre suscités par quelques propriétaires des lieux, qui, cependant, avaient eux-mêmes un intérêt grand et direct à l'opération.

Vous connaissez, Messieurs, le rapport qui vous a été fait le 23 septembre 1852, par notre regrettable confrère M. *de Villemotte*, sur les premiers travaux d'assainissement exécutés par M. *Perrot* père (1); bien qu'alors ces travaux ne fussent encore qu'à leur début, ce rapport était déjà un monument précieux pour l'honneur de ce dernier. Aujourd'hui, il était indispensable de mettre sous vos yeux toutes les améliorations et les heureux résultats qui sont dus à cette entreprise et qui l'ont couronnée d'un plein succès.

Il serait superflu de vous rappeler ici ces premiers travaux : le compte rendu de M. *de Villemotte* vous les a fait connaître. Nous n'appellerons votre attention que sur la suite des améliorations obtenues et sur ce qui a pu échapper à ce Rapporteur.

M. *Perrot* s'occupe de l'assainissement de la prairie de Neuhouse depuis le 3 août 1837 ; il y a donc plus de 20 ans. Il y songeait dès cette époque, plutôt dans un but de salubrité pour la population de Rosières, que dans la pensée de donner à cette plaine la fécondité dont elle jouit aujourd'hui.

En effet, ce n'est que le 3 février 1842 que M. *Perrot* proposa définitivement l'assainissement de ce canton. Cette proposition fut accueillie par le Conseil municipal de la ville de Rosières et reçut l'approbation préfectorale.

C'est dès ce moment que l'on s'intéressa beaucoup à l'entreprise de notre confrère ; elle était déjà considérée dans toute son importance, puisque le Conseil s'exprimait ainsi dans l'une de ses délibérations :

« Le Conseil municipal, considérant que l'opération dont il » s'agit est d'un intérêt général, et qu'il convient de s'en » occuper, déclare autoriser M. *Perrot*, l'un de ses membres,

---

(1) Voir *Bon Cultivateur*, année 1852, pages 260 et 344.

» auteur de la proposition, à faire, préalablement à toutes
» entreprises, lever les plans et dresser l'état indicatif des
» travaux à exécuter pour parvenir à l'assainissement des
» terrains de ce canton. »

La plaine de Neuhouse, au sud de Rosières, forme un
gazon de 161 hectares. A l'époque dont il est ici question,
en 1842, ce terrain était très-aquatique et submergé la plus
grande partie de l'année. On y hasardait une semaille de blé
sur quelques points et la récolte minime qu'elle offrait était
souvent abandonnée par la raison que le terrain fangeux ne
permettait pas même d'y introduire des voitures, et que ce
terrain d'ailleurs était envahi par des plantes parasites qui
détruisaient les récoltes. Ces 161 hectares étaient divisés en
382 parcelles. Les bœufs et les chevaux s'abattaient et s'em-
bourbaient à la charrue; la plus grande partie de la surface
des sillons ne produisaient que de chétives récoltes. Il faut
ajouter enfin que les cultivateurs se ruinaient par l'exploi-
tation de ce sol, qui souvent ne rendait pas les semences
qu'on lui avait confiées.

M. *Perrot*, qui, en 1837, ne songeait, comme je l'ai dit,
qu'à la salubrité de Rosières et de ses environs, afin de dé-
truire une affection qui frappait une partie de la population, a
été amené à l'heureuse idée d'assainir la plaine pour purifier
l'air : il a obtenu de la sorte un double succès, par la guérison
des maladies et par la fertilité d'un canton qui ne produisait
presque rien.

Après maintes études, il reconnut qu'au delà du canal du
Moulin qui était à plein bord dans une grande partie de l'année, il existait une pente suffisante pour y déverser les eaux
qui couvraient le canton.

M. *Perrot* a fait construire sous le lit du canal un tunnel
d'une pente de 1ᵐ70, il s'est hâté d'ouvrir de larges fossés et

de donner à ces terres des canaux artériels qui devaient bientôt quintupler la puissance de production. Ces travaux, faits avec une étude approfondie des lieux, avec une louable persévérance et de généreux sacrifices, dotèrent les nombreux propriétaires de cette plaine de Neuhouse d'un terrain d'élite, naguère stérile, marécageux, et d'un voisinage dangereux pour les habitants de cette contrée (1).

En effet, votre Commission a remarqué que la végétation spontanée avait été détruite, et que les graminées livrées au sol ainsi que les légumes de toutes sortes offrent aujourd'hui les plus beaux produits. Quel merveilleux changement ! Quand on se rappelle qu'autrefois, et les cultivateurs de la localité se plaisent à le redire, on ne recueillait dans Neuhouse que des épis épars, disséminés à la surface du sol ; récolte misérable qui engageait parfois le cultivateur à abréger la besogne en coupant seulement les têtes de ces rares épis, puisque le faucillage devenait trop onéreux, et à abandonner la paille et l'herbe pour la main-d'œuvre.

Il faut encore ajouter à cette amélioration de production l'économie de labour qui est résultée de l'assainissement. En 1842 et même plus tard, il fallait au moins de 8 à 10 chevaux pour composer l'attelage d'une charrue, et encore la culture ne se faisait-elle que péniblement et très-lentement, et dès lors à grands frais : maintenant, dans la saison la plus humide on laboure avec 6 chevaux, et avec 4 seulement dans la saison ordinaire ; il y a donc amélioration de ce côté et économie de 40 à 50 pour cent sur les frais de traction.

---

(1) Outre le grand fossé de décharge, M. *Perrot* a fait construire sept fossés artériels d'une étendue de 1555 mètres, qui amènent les eaux dans ce fossé principal ou grand canal.

Le sol de ce canton de Neuhouse est formé d'une riche alluvion siliceuse et tourbeuse, qu'on nomme vulgairement sable gras ; dans d'autres parties, il est d'une nature très-tenace, mélangé de marnes irisées auxquelles il touche. Il se trouve en dessous des coteaux de Saffais et de Vigneulles qui y déversent toutes leurs eaux ; ce qui explique l'état dans lequel notre confrère a trouvé ce terrain, que l'on jugeait indesséchable, parce qu'il manquait des pentes nécessaires à son assainissement.

Maintenant qu'il va être permis de faire dans notre département des essais sur la culture du tabac, on ne pourrait pas choisir un lieu plus propice, un sol plus riche et plus profond pour la culture de cette plante ; aussi devons-nous, en passant, faire un appel aux propriétaires de cette plaine de Neuhouse pour qu'ils se mettent en mesure de profiter des avantages qui leur seront offerts par le décret d'autorisation.

Ce ne sont pas là les seuls résultats obtenus par notre honorable confrère. Ce vaste canton n'avait pas de chemins pour l'enlèvement des récoltes : il provoqua une mesure près de la commune pour l'acquisition de parcelles de terrain; il fit un appel aux propriétaires riverains pour l'abandon de chaque côté de moitié de la largeur de la voie en projet. Cet appel fut entendu : aujourd'hui cette plaine possède une bonne route d'une longueur de 1240 mètres.

Le canton manquait d'eau potable, une seule fontaine existait à 1800 mètres. M. *Perrot* fit creuser et construire à ses frais un puits dans un terrain d'alluvion ; ce puits fournit en tout temps une eau saine et abondante aux travailleurs de la campagne, et pour mouiller les replants et les liens.

Les produits herbacés et graminés sont aujourd'hui doublés par ces améliorations, et, pour ne pas paraître exagérée, votre Commission les porte seulement à moitié.

Ainsi Neuhouse contient :

en prés naturels. . . . 54 ⎱
en terres labourables. . 107 ⎰ 161 hectares.

Le rapport des prés était
autrefois de . . . . 3,780 fr.
Aujourd'hui il est de. . . .   5,400 fr.
Les 107 hectares de terres
donnaient en moyenne. . . . 3,745 fr.
Ce rendement est mainte-
nant de . . . .   5,617 fr.
                                  ___________   ___________
                                  7,525 fr.   11,017 fr.

Différence en plus. . . . . 3,492 fr. (1).

Le territoire de Vigneules, contigu à celui de Neuhouse, éprouvait *sur certains points* les mêmes dégradations par les mêmes causes; le Maire de cette localité, en présence de tant d'efforts fructueux et dont on s'entretient chaque jour, appréciant les travaux exécutés par notre confrère, s'empressa de se faire autoriser à l'assainissement de 80 hectares. Cette opération a eu un plein succès.

Votre Commission vous a fait connaître, Messieurs, les résultats obtenus par M. *Perrot* au regard de l'agriculture;

-----

(1) M. *Perrot* fait remarquer que, dans une note sur le chiffre de ses améliorations, présentée à la Société centrale d'Agriculture de Nancy, en avril dernier, il n'a porté en ligne de compte ni le dépérissement des animaux, causé jadis par le mauvais fourrage, l'excès de fatigue et les maladies, ni l'économie obtenue par suite de l'assainissement du sol sur le nombre de chevaux ou bœufs employés à chaque charrue; et qu'en évaluant au plus bas possible, on ne peut porter l'ensemble de ces améliorations à moins de 6,000 fr. par année.

elle croit ne pas vous intéresser moins en mettant sous vos yeux les effets produits par les mêmes travaux, quant à la salubrité publique, et par le traitement médical que notre confrère y a joint.

A ce sujet, je vous citerai une notice de M. *Maire*, membre de l'Université, et un rapport du médecin cantonnal :

« Depuis longtemps on s'était occupé de la question du goître, qui, à Rosières, règne à l'état endémique. On en avait apprécié plus ou moins bien les causes ; mais personne n'avait songé à faire disparaître cette triste infirmité.

» La lecture d'une thèse soutenue, à Montpellier, par M. le docteur *Joyeux* de Mirecourt, sur les causes du goître et ses moyens de guérison, suggéra à M. *Perrot*, un de nos estimables concitoyens, l'heureuse idée de tenter l'emploi de ces moyens sur toute la commune, et cette tentative philanthropique a eu le plus entier succès.

» M. *Perrot*, voulant procéder avec toute la prudence qu'exige l'emploi des matières médicales, a eu recours à l'assistance du docteur *Barrey*, médecin cantonal de Saint-Nicolas, pour doser les remèdes et en diriger l'application. Ce médecin a déployé le plus grand zèle pour arriver à un bon résultat ; quoiqu'employé sur plus de 400 personnes, l'usage de l'iode n'a été suivi d'aucun accident.

» Pour faire connaître d'une manière complète la réussite de cette tentative, nous nous contenterons de citer le rapport que M. le docteur *Barrey* a adressé, le 7 juillet 1857, au Conseil central d'hygiène de Nancy :

« L'an dernier, le traitement du goître, appliqué d'une
» manière générale aux élèves des écoles de Rosières, a eu
» un résultat assez satisfaisant, pour qu'on crût devoir vous
» faire connaître les nombreux cas de guérison obtenus par
» l'usage de la teinture d'iode à l'intérieur et les frictions

» hydriodatées sur les cols plus ou moins engorgés des jeunes
» enfants. Tandis que ces moyens étaient employés d'une
» manière régulière chez ces derniers, des adultes, des hom-
» mes, des vieillards s'adressaient à M. *Perrot*, dépositaire et
» donateur des médicaments, afin de se soumettre au traite-
» ment.

» 224 sujets ont été soignés à domicile, 96 ont été com-
» plétement guéris, au rapport de MM. *Perrot* et *Maire* (car
» je n'ai pu les suivre), et ceux dont le goître étaient si con-
» sidérable qu'ils faisaient désespérer de prime abord, n'en
» ont pas moins éprouvé un soulagement marqué, par la di-
» minution du volume de la tumeur, qui permettait à la
» respiration de s'effectuer plus librement ; j'ai constaté le
» fait.

» Aujourd'hui, M. *Maire* me soumet une liste, dans la-
» quelle sont compris les affectés de l'an dernier et de cette
» année : ils sont au nombre de 257, dont 181 guéris.

» Les médicaments ont continué d'agir pendant la cessation
» de leur usage, c'est-à-dire que, depuis l'an dernier, l'effet
» a persisté.

» La jeune génération semble complétement guérie, et, si,
» parmi les nombreux cas soumis au traitement, il en est
» quelques-uns de rebelles, on peut faire entrer en ligne de
» compte, certaines conditions inconnues, l'irrégularité dans
» le traitement ou la discontinuation anticipée des moyens.

» Mais, malgré ces succès, il est une chose que l'on ne
» doit pas oublier : c'est la cause d'endémicité résidant dans
» la nature humide et géologique du sol, dans l'état d'insa-
» lubrité des maisons, dans la composition de l'eau de la
» foutaine de la Chappe, qui est magnésienne. Aussi, tant
» que ces conditions existeront, le goître se présentera-t-il
» dans les jeunes générations, chez lesquelles il faudra le
» combattre comme nous l'avons fait.

» Le résultat du traitement employé d'une manière géné-
» rale dans les écoles de Rosières, me paraît satisfaisant et
» assez déterminé, pour qu'on l'applique dans les autres lo-
» calités du département où le goître est à l'état endémique. »

» Ce rapport judicieux et concis a été déposé dans les ar-
chives du Conseil d'hygiène, dont un des membres était venu
visiter nos écoles.

» Le résultat obtenu à Rosières, doit d'autant plus attirer
l'attention, que, depuis *Coindet* de Genève, qui, le premier,
en 1819, employa l'iode dans le traitement du goître, aucune
application en grand n'avait été faite de ce remède, et que
toutes les cures opérées avaient été partielles. En même temps
on ne saurait trop louer M. *Perrot*, pour l'ingénieuse idée
qu'il a eue d'en faire l'application sur une nombreuse commune (2300 hab.), et d'en avoir fait généreusement les
frais.

» Ces cures si heureuses ont eu du retentissement, et des
personnes des communes et des cantons voisins accourent
chez M. *Perrot*, pour s'approvisionner du remède qui doit les
débarrasser d'une si gênante infirmité.

» C'est un fait acquis par l'expérience faite à Rosières, que
tous les goîtres sont faciles à guérir ou à diminuer consi-
dérablement; que les frais du traitement sont peu dispen-
dieux et à la portée de tous les individus ; et que la méthode
la plus rationnelle est d'attaquer le mal chez les enfants, de
l'empêcher de se développer, et que, dans le cas où il reparaî-
trait, rien ne serait plus facile que de le faire disparaître de
nouveau.

» Les communes situées sur les marnes irisées sont plus
exposées que les autres à l'endémicité du goître ; rien désor-
mais ne sera plus facile que de s'en préserver ou du moins
d'en atténuer singulièrement les effets.

» Il faut pour cela que les Conseils municipaux mettent à la disposition des instituteurs et des institutrices sous la direction d'un médecin, les remèdes à employer pour arriver au même résultat que celui obtenu dans la commune de Rosières (1).

» C'est la satisfaction que nous avons éprouvée à la vue d'un si beau succès et la pensée que ces renseignements pouvaient être utiles à toutes les communes où le goître peut se développer, ce sont ces motifs qui nous engagé à leur donner quelque publicité. »

X. MAIRE.

Rosières, le 8 novembre 1857.

---

(1) *Médication interne.*

Liqueur iodurée, six gouttes matin et soir dans un demi-verre d'eau.

Pour faciliter le dosage et l'administration du remède, on a ajouté à un litre d'eau autant de liqueur iodurée qu'il en fallait pour que chaque cuillerée de liquide représentât six gouttes, dose indiquée ci-dessus ; et, pour ne pas avoir à compter chaque fois les gouttes, opération minutieuse, on avait préparé un petit flacon, dont la contenance remplissait exactement les conditions pour un litre d'eau.

1° *Liqueur iodurée.* Iodure de potassium . . . . 20 grammes.

                  Iode cristallisée . . . . . . 45 —

                  Alcool à 34 degrés. . . . . 1 litre.

         Faire dissoudre.

2° *Eau iodurée.* . . . Eau. . . . . 1 litre.

                  Liqueur iodurée. . . . . . 20 grammes.

          Médication externe.

Axonge. . . . . 30 grammes.

Iodure de potassium. . . . . . 4 —

Eau de rose en quantité suffisante pour dissoudre le sel.

Frictionner chaque jour la tumeur avec le volume d'un gros pois, couvrir le cou de taffetas gommé, maintenir par une cravatte.

Le premier rapporteur qui vous a rendu compte des travaux de M. *Perrot* s'exprimait ainsi :

« M. *Perrot*, frappé de ces inconvénients, déplorant la perte de terrain et les funestes effets des eaux croupissantes, entreprit de les faire disparaître ; il le fit avec persévérance, il ne recula devant aucun sacrifice, il parvint à l'assainissement de Neuhouse, contenant 161 hectares aujourd'hui couverts de superbes récoltes. Il a bien mérité du pays, il a donné un exemple excellent ; il est de notre devoir de signaler cet acte de bon citoyen à la reconnaissance publique. »

Votre Commission, Messieurs, joint ses félicitations à celles de vos premiers commissaires, elle s'associe à eux pour proclamer ce brillant éloge décerné à M. *Perrot*. En effet, depuis cette époque, la fertilité de Neuhouse s'est accrue ; l'humidité constante de cette plaine a disparu, cause principale qui agissait si gravement sur la santé publique, à ce point qu'une partie de la population de Rosières était frappée de crétinisme.

Aujourd'hui ce triste état de choses n'existe plus ; grâce au zèle de notre confrère, qui a donné ainsi le témoignage le plus frappant de ce que peut la volonté d'un homme intelligent et persévérant, la population de Rosières n'est plus cette population abâtardie d'autrefois : elle a fait place à une brillante jeunesse que le hasard a mis sous les yeux de votre Commission ; car le jour où elle remplissait la mission que vous lui avez confiée, cette jeunesse se réunissait en grand nombre pour assister à une fête religieuse. Nous avons donc pu apprécier les bienfaits que nous vous signalons avec bonheur.

Votre Commission vous prie de porter à la connaissance de M. le Préfet, avec prière de le transmettre à Son Excellence Monsieur le Ministre de l'Agriculture, le rapport fidèle de ce que la société doit aux efforts de notre généreux et honorable confrère, dont l'âge n'a pas refroidi le zèle, et de le signaler comme étant très-digne d'une distinction toute particulière (1).

Le rapporteur de la Commission,

Bécus.

Nancy, le 12 novembre 1857.

---

(1) *Services rendus par M. Alexis Perrot, né en 1773, à la ville de Rozières.*

1838. Par son insistance près du Conseil municipal, il conserva à la commune plus de 5 hectares de prairies, au moyen de travaux de défense dirigés par ses soins et sa surveillance.

1842. Brochure imprimée à ses frais pour la conservation du Haras, que l'on voulait transférer ailleurs ; réussite de sa demande.

1846. Dans l'espace de sept semaines, il met en état de bon entretien sept chemins communaux entièrement dégradés.

1853. Assainissement de la plaine de Neuhouse, comprenant 161 hectares ; construction d'un puits à ses frais au milieu de cette plaine.

1853. Au moyen de ses réclamations reitérées, il obtient l'établissement d'une station de chemin de fer, qui était refusée à Rosières.

1854-1855. Pendant le choléra qui a sévi à Rosières dans ces deux années, tout le monde a pu se fournir chez lui et gratuitement de bouillon, de potage, de thé, de rhum, de sucre, etc.

1856-1857. Traitement du goître à ses frais ; guérison de plus de 400 personnes.

(*Extrait du Bon Cultivateur.*)